AF313751

MÉTHODE FRAISSINET

OU L'ART

D'OBTENIR LES ŒUFS DE VERS A SOIE,

AU PLUS HAUT POINT DE PERFECTION,

ET DE LES FAIRE ÉCLORE DE LA MANIÈRE LA PLUS CONVENABLE,

Par Charles FRAISSINET,

P. d. l. E. R. d. S.,

AUTEUR DES GUIDES DU MAGNANIER ET DU CULTIVATEUR DE MURIERS.

1847

NIMES.

TYPOGRAPHIE BALLIVET ET FABRE,

RUE DE L'HÔTEL-DE-VILLE, 11.

MÉTHODE FRAISSINET

ou

L'ART D'OBTENIR LES OEUFS

DE VERS A SOIE

AU PLUS HAUT POINT DE PERFECTION

Et de les faire éclore de la manière la plus convenable.

Le dépôt exigé par la loi a été fait. Tout Exemplaire non revêtu de la signature J.-E. FRAISSINET sera réputé contrefait, et le Contrefacteur ou débitant de contrefaçons poursuivi devant les Tribunaux.

NIMES.

TYPOGRAPHIE BALLIVET ET FABRE

RUE DE L'HÔTEL-DE-VILLE, 11

1847.

LES SOUSCRIPTEURS.

Je publie ma belle découverte ; je vous livre un secret qui, sagement exploité, augmentera d'un cinquième, au moins, le produit annuel de vos récoltes sérigènes. Et je pouvais le garder pour ma famille ce précieux secret !... Les conditions auxquelles j'avais promis d'en doter le public n'ont pas été remplies ; un bon nombre d'entre vous, Messieurs, ont répondu à mon *second* appel, plusieurs même d'une manière noblement généreuse ; mais tous n'ont pas fait ce que j'en attendais... N'importe, le désir d'être utile à ma patrie, joint aux instances réitérées de personnes qui jouissent de toute mon affection, et à l'espoir bien fondé que la France, si généreuse, si loyale en toutes choses, ne sera point ingrate à mon égard, me déterminent à faire un nouveau sacrifice à l'intérêt général, en rétractant ce que j'ai dit dans mes diverses circulaires, relativement au nombre de souscripteurs *exigés*. Je suis bien convaincu que cette rétractation , loin de nuire à mon caractère, ne peut que l'honorer , et je me résigne sans peine au dommage qu'elle impose présentement à mes intérêts personnels. Et qu'on ne s'imagine pas qu'il ne soit grave : j'avais un assez grand nombre de souscriptions conditionnelles ; un seul éducateur m'en avait fourni *douze* ; leur secours était insuffisant ; elles n'auraient pas complété le chiffre que tant de fois j'avais dit de rigueur , alors même que leur nombre eût été DOUBLE ; Eh bien ! qu'ai-je fait ? le sacrifice de deux fois autant de souscriptions que j'en avais de conditionnelles. Que deviendra, dans cette conjoncture, ma promesse de consacrer aux bonnes œuvres l'excédant de la somme fixée pour prix de mon secret ? Elle sera nécessairement modifiée , mais non annihilée ; ne pouvant donner du superflu , je donnerai du nécessaire.

MÉTHODE FRAISSINET.

En annonçant au public ma riche découverte,
je disais que quelques pages étaient plus que
suffisantes pour la mettre à la portée des plus
simples éducateurs. Nul ne doit donc s'attendre à un volume, et je suis bien convaincu
que nul ne s'y attend. Je dépasse mes promesses
quant à l'étendue de ma brochure, je les dé-
passerai quant au mérite de son contenu.
J'ai promis une augmentation d'un *cinquième*
dans le produit brut de notre industrie sérigène ; année commune, cette augmentation
sera de plus d'un *quart*.*(A) Je n'ai rien promis
contre la muscardine ; je puis donner quelque
chose, beaucoup ; si mon procédé n'en est pas
le remède, il en sera le préservatif : pour se

---

* Comme j'ai un grand nombre de notes, dont quelques-
unes fort étendues, j'ai cru devoir, pour ne pas trop briser le
texte, les renvoyer à la fin. Qu'on veuille bien les lire à mesure
qu'elles sont indiquées, ce sont les pièces justificatives de ma
méthode.

développer, le germe muscardinique a besoin de certaines conditions que n'offre jamais le ver robuste qu'une éducation intelligente a su maintenir en état de santé. (*Voyez* mon *Guide*, quatrième édition, article *Muscardine*. — *Des moyens de la prévenir.*) Ma conviction à ce sujet, établie sur mon expérience, est partagée par un grand nombre des plus habiles sériciculteurs français et étrangers.

S'il est vrai, dans le règne végétal, que des meilleures graines proviennent les meilleurs plants, il l'est aussi, dans le règne animal, que des meilleurs œufs sortent les sujets les plus vigoureux, les plus forts, les mieux constitués. Oui, il est généralement, universellement admis par les magnaniers les plus capables, par tous ceux qui raisonnent et expérimentent, que des œufs des vers à soie dépend, en très-grande partie, la réussite de ces précieuses chenilles, la faiblesse ou l'abondance de nos récoltes sérigènes. (B) Combien n'est-il pas important d'en avoir de bons, de n'en avoir que de tels!... Eh bien! voici le moyen d'y parvenir, voici ma méthode.

J'ai acquis la certitude que les premiers vers qui sortent, d'une quantité de graine quelconque, également traitée depuis la ponte à l'éclo-

sion, sont toujours les plus vigoureux. (C.)
Partant de ce principe, dont plus de cinquante
expériences m'ont démontré la certitude, l'in-
variabilité, je prends les premiers qui sortent
de leur coque, et successivement des quatre
mues qu'ils ont à subir; je les fais monter à
part, et, sur leur produit, toujours excellent, je
choisis les cocons dont j'ai besoin pour graine.

Voici comment on opère : Supposons *quatre
onces de graine* à incuber; on prend, pour ce
que j'appelle la PREMIÈRE DIVISION ou l'ÉLITE, la
moitié des vers qu'elles doivent donner, le produit de deux onces, c'est-à-dire, si la graine est
bonne et a été bien tenue, tous ceux qui éclosent
le premier jour et le second avant sept heures du
matin. On les fait marcher du même train que le
produit des deux onces restantes : la SECONDE DIVI-
SION, afin d'éviter les embarras de deux chambrées; mais en ayant toujours le plus grand soin
de ne pas les mêler.* Lorsque les 7/8ᵉ de la première division sont sortis de la première mue, on
leur sert un peu de feuille (Voy. *Guide*), mais
seulement pour avoir le moyen de les séparer de
ceux qui dorment encore; on les place sur le
canis où ils doivent accomplir leur second âge,

---

* Mon *Guide* indique le moyen de les unir de telle sorte qu'ils
puissent faire ensemble leur première mue.

et, là, on les laisse trois ou quatre heures avant de leur servir de nouveaux repas. Les vers, dans cet état, ont plutôt besoin d'un air légèrement agité, passablement humide et suffisamment chaud que d'une prompte et surtout trop abondante nourriture.

De cette PREMIÈRE DIVISION, on doit, à chaque mue, en laisser sur la couche environ un *quart d'once* qu'on joint plus tard à ceux de la SECONDE. En agissant ainsi, on n'a plus, au sortir de la quatrième, que la moitié des vers d'ÉLITE, le quart de ceux produits par les quatre onces mises à incuber. On a donc un quart dans la la première division et trois quarts dans la deuxième ; mais en opérant sur de la graine ordinaire, comme on le fera cette année-ci, ce quart produira seul presque autant que les trois autres ensemble. (D). Cette once, bien dirigée, d'après mon *Guide*, doit donner deux quintaux de beaux cocons, (E) sur lesquels on doit choisir les meilleurs, les mieux faits, ayant la même nuance, celle que les filateurs préfèrent. Il va sans dire qu'on doit toujours agir de même quelle que soit la quantité sur laquelle on opère : prendre la moitié à l'éclosion, arriver avec le quart à la bruyère.

Pour quatre onces de graines, on doit choi-

sir au moins cinq livres de cocons ; quatre pourraient bien suffire ; mais il faut pouvoir trier
parmi les papillons , ceux dont l'apparence ché-
tive , anormale , indique qu'ils sont impropres à
une bonne reproduction.

Vos cocons choisis , et de manière que , selon
les probabilités , vous deviez avoir autant de papillons mâles que de papillons femelles * ; dé-
bourrez-les avec soin , la bave (blazo) qui les
enveloppe vous contrarierait pour enlever les
papillons et pourrait offenser leurs pattes. Cette
opération terminée , formez-en des chapelets ou
cordées en passant avec une aiguille un gros fil
dans leur tissu soyeux , que vous ne devez point
percer entièrement de crainte de blesser la chrysalide. Ne mêlez pas ceux que vous croyez
contenir des mâles avec ceux qui doivent vous
donner des femelles. (F) Faites-en des cordées
à part. Vous vous tromperez plus d'une fois ,
le choix ne sera pas toujours bien fait , mais
l'inconvénient sera bien moindre que celui d'un
mélange total. Suspendez vos cordées dans un

---

* Les plus gros, les moins pointus aux deux bouts, donnent
ordinairement les femelles. Les plus petits, les plus allongés, les
plus pointus , ceux que caractérise une sorte d'étranglement au
centre , et que , par cela même, on nomme cordonnés , donnent
presque toujours les mâles.

appartement où la température puisse être maintenue entre le dix-huitième et le dix-neuvième degré Réaumur ; les mâles d'un côté, les femelles de l'autre, aussi distantes que possible A cette température, vous aurez des papillons le neuvième ou le dixième jour. N'oubliez pas que la chaleur ne leur est pas moins indispensable qu'aux vers dont ils ne sont qu'une transformation. Mais souvenez-vous aussi que cette chaleur ne doit pas être desséchante ; usez de l'hygromètre, consultez-le souvent, et ayez soin qu'il indique toujours de 70 à 80 degrés.

Quand vos papillons commencent à sortir (et, soyez matinal, ils sortent de bonne heure) placez vos mâles, en commençant par ceux qui peuvent se trouver sur les *cordées femelles*, dans une caisse percée au couvercle d'un certain nombre de trous, afin que l'air puisse y pénétrer, et déposez cette caisse dans le coin le plus obscur de votre appartement. D'ordinaire, il sort le premier jour plus de mâles que de femelles ; conservez ceux dont vous n'aurez pas besoin ce jour-là, pour le lendemain. S'ils sont dans un lieu bien obscur et dont la température soit de deux degrés plus basse que celle de l'appartement où ils sont éclos, ils ne perdront presque rien de leur force. Comme on a besoin d'un peu de clarté pour opérer la levée des femelles et que la moindre lumière nuit aux mâles, en les excitant, les faisant battre des ailes, ce qui les fatigue et leur fait perdre une partie de leur liqueur fécondante, on fera bien de les tenir toujours dans une chambre à part, bien fermée et ayant la même température que le local dans lequel on tiendra les femelles, à moins qu'il ne fallût les réserver pour le lendemain. Dans ce cas, je l'ai dit, il faut qu'ils soient tenus à deux degrés de moins. Ne les entassez pas ; que vos caisses soient spacieuses.

Placez vos femelles sur un linge fixé à la muraille, ou partout ailleurs, mais verticalement appendu. C'est la position qui leur convient le mieux pour sécher leur duvet et développer leurs ailes ; c'est celle qu'elles prennent, instinctivement, aussitôt qu'elles le peuvent. Laissez-les là *une heure* ; elles se videront de la matière jaunâtre dont elles sont remplies, qui ne pourrait qu'affaiblir la liqueur fécondante du mâle. Après une heure, procédez à l'accouplement de cette première levée ; mais auparavant soumettez mâles et femelles à une sévère inspection. Sacrifiez, jetez impitoyablement tout sujet qui ne vous offre point les signes de la

vigueur, les caractères d'une bonne constitution : toute femelle aussi petite qu'un mâle ;
tout mâle trop effilé, trop mince, trop petit ;
tout papillon, quel qu'en soit le genre, dont les
ailes et les antennes (les *cornes*) ne seraient
pas bien développées ; tout papillon peu éveillé,
peu agile et privé de duvet, ne serait-ce que
partiellement ; tout papillon ayant l'abdomen
(le ventre) noir, vous en trouverez peu, vous
surtout qui opérez avec ma graine, mais vous
pourrez en trouver, il peut y en avoir encore
quelques années, sacrifiez-les impitoyablement.
Prenez vos femelles, le plus délicatement possible, toujours par les deux ailes à la fois, placez-
les sur un papier supporté par une planchette que
vous tiendrez de la main gauche ; assez espacées
pour qu'après l'accouplement les ailes des mâles,
dans leurs vibrations, ne puissent jamais se ren-
contrer ; leur contact produirait des désaccouplemens qu'il faut éviter avec soin, sous peine
d'avoir des œufs inégalement fécondés. Ce papier
garni, posez-le sur une table, une planche, un
support quelconque ; et à un autre. Vos femelles
ainsi disposées ; portez, sur vos papiers d'accouplement, un nombre à peu près égal de mâles.
Quelques minutes suffiront pour accomplir leur
alliance. Si vous avez trop de mâles, reportez-

les incontinent dans leur prison ; si vous n'en avez pas assez, empruntez-en à la seconde levée ; vous ne pouvez en manquer que pour les dernières.

Numérotez vos linges égouttoirs et vos caisses-prisons, et que chacune de vos levées soit exactement mise à sa place respective, selon son numéro d'ordre : la première des femelles sur *l'égouttoir* numéro 1, celle des mâles dans la caisse portant le même numéro ; ainsi de la seconde, de la troisième, de toutes. On pourrait bien, sans grave inconvénient, réunir deux levées de mâles dans une seule caisse ; mais la dépense est si minime qu'il ne vaut pas la peine d'en tenir compte ; d'ailleurs, je l'ai dit, il ne faut pas qu'ils soient entassés. Si vous opérez en grand, si vous faites cinquante, soixante onces de graine, il vous faut trois ou quatre *linges égouttoirs* portant le même numéro, une seule boîte peut vous suffire ; mais qu'elle soit en rapport de grandeur avec votre opération. Trois numéros suffisent pour les *boîtes-prisons* et les *linges égouttoirs*. Le numéro 1 reçoit la première levée ; supposons à cinq heures du matin : à six, les femelles passent sur les papiers d'accouplement. Ce linge numéro 1 est disponible ; mais il peut être mouillé, sali ; il faut qu'il soit séché

avant de l'employer de nouveau. La levée de
cinq heures et demie est reçue par le numéro 2 ;
celle de six par le numéro 3 ; à six et demie le
numéro 1 doit être prêt à recevoir celle de cette
heure-là, et ainsi de suite de demi-heure en
demi-heure.

Les papiers d'accouplement doivent aussi
être numérotés, et, pour eux, huit numéros sont
nécessaires : attendu que de cinq à neuf heures
il n'y a pas moins de huit levées, et chacune
doit s'accoupler séparément. Les papillons n'é-
closent guère que le matin de cinq à huit
heures ; il en sort peu après la neuvième.
Toutefois la règle, à cet égard, n'est pas sans
exception ; dans tous les cas, agissez ainsi que
je l'indique. Faites vider les femelles, prévenez
autant que possible les désaccouplemens et les
accouplemens instantanés (G), et que chaque
couple reste uni pendant six heures. Ces prati-
ques pourront sembler minutieuses ; mais qu'on
se rappelle qu'elles sont indispensables pour obtenir une graine sur laquelle on puisse compter.
Eh ! qu'y a-t-il de difficile, de pénible dans l'ac-
complissement de mes prescriptions ? RIEN ; il
suffit d'un peu d'attention. Pourquoi vouloir s'y
soustraire, quand il est positif que du succès
de cette opération dépend celui de toutes les

autres, la réussite de nos chambrées. La nature, la forme et la couleur des *linges égouttoirs* sont assez indifférentes : l'absence d'apprêt et de poils sont les seules conditions exigées ; il n'en est pas de même de ceux sur lesquels on veut faire déposer la graine : pour ceux-ci, il faut, outre cette absence, une couleur foncée ; le blanc fatigue les yeux du papillon. Je propose la percale noire. Inutile de dire que les femelles doivent y être placées avec beaucoup de précaution , et de manière que la graine n'y soit pas trop amoncelée.

Pour le désaccouplement , qui ne doit jamais être opéré qu'après six heures d'union , prenez la femelle de la main droite , par les deux ailes , le mâle de la gauche , et au lieu de tirer en sens contraire , agissez obliquement comme si vous vouliez rapprocher les deux têtes du couple : la femelle pourrait souffrir d'une séparation brusque et trop directe.

Gardez-vous de faire servir deux fois le même mâle. Si vous avez mal opéré dans le choix des cocons , supportez-en les conséquences : mieux vaut moins de graine et meilleure. S'il n'est pas bien démontré qu'un mâle ne puisse féconder deux femelles , il est très-probable que la première union l'a affaibli : ainsi un tel gain pourrait être une perte , ne le tentez pas. Voilà ma méthode, rien de plus rationnel, et je puis ajouter de plus propre à enrichir la France sérigène.

Une bonne femelle, dans les conditions thermométriques et hygrométriques ci-dessus indiquées, a pondu tous ses œufs, et elle n'en a pas moins de 450 à 500, avant vingt-quatre heures; ne l'eût-elle pas fait, ceux qu'elle pondrait après seraient aussi bons, aussi bien fécondés que ceux qu'elle a pondus avant (H). Plusieurs jours après sa ponte elle est aussi fraîche, aussi vigoureuse qu'à l'instant où elle sortit du cocon. (I).

Votre graine ayant acquis sa couleur normale, violet plus ou moins foncé, selon que la qualité est blanche ou jaune, suspendez vos linges dans un local aussi frais, aussi sec et aussi aéré que possible. Il ne faudrait pas que le thermomètre y montât, en été, au-dessus de 10 degrés, ni qu'en hiver il y descendît au-dessous de zéro. Toutefois ne désespérez pas, quand même vous lui verriez dépasser ces limites. Pendant nos chaleurs de juillet et d'août, quelquefois tropicales, il n'est pas facile de réunir les conditions de siccité, d'aération et de fraîcheur, mais l'expérience m'a convaincu que même à 12 et 14 degrés de chaleur on n'avait rien à craindre. (K).

Dès que les gelées ont cessé, vers le 15 mars, détachez votre graine des linges ; pour cela, trempez-les dans une eau pure à 4 ou 5 degrés de chaleur ; laissez-les y cinq ou six minutes, et au moyen d'un couteau de bois, d'os ou de fer peu affilé, vous la détacherez sans peine. Après l'avoir bien lavée faites-la sécher à l'ombre ; placez-la ensuite, jusqu'au moment de la porter à l'étuve, dans un appartement un peu moins frais que celui où vous l'aviez tenue jusqu'alors. Étendez-la bien pour en éviter la fermentation. Plusieurs personnes font éclore leur graine sans la détacher du linge sur lequel elle a été pondue. Ce procédé, que j'ai prôné moi-même, n'offre pas les avantages que je lui supposais il y a dix ans. J'y ai renoncé, et j'estime que chacun doit le faire. On peut, en opérant ainsi que je l'ai dit, ne faire aucun mal à la graine ; le lavage ne saurait lui nuire ; le point d'appui qu'elle fournit au ver, lorsqu'elle est adhérente, n'est pas indispensable. Toutefois, avec ma méthode, ce procédé n'aurait pas d'inconvéniens ; mais, avec la routine, il en a d'assez graves : bien de mauvaises graines, dont on peut se débarrasser en la lavant, restent avec ce procédé, produisent de chétifs petits vers, qui consomment plus ou moins avant de succomber sous le poids de leurs infirmités natives, et qui toujours donnent un fort mauvais aspect à la couvée.

Bien des magnaniers font éclore au nouet (à la *fatte*), au lit, par la chaleur humaine; d'autres à la couveuse, au castelet, par celle d'une lampe. Tous ces procédés sont plus ou moins vicieux *et* à plusieurs égards. Le meilleur, sans contredit, celui que je propose, est celui qui consiste à faire éclore à l'air libre dans une petite chambre appelée *étuve*, *espelidou*, chambre d'*éclosion*.

Voici comment on opère : on chauffe ce petit appartement au moyen d'un poêle, de brasiers, de fourneaux, jusqu'à ce que le thermomètre Réaumur marque quatorze degrés. Au milieu, on établit un crible, un clayon, un canis, suivant l'importance de la chambrée, recouvert d'un linge (L). On y étend la graine le plus uniformément possible, de manière qu'il n'y en ait pas plus de quatre ou cinq l'une sur l'autre. Cela fait, on n'a plus qu'à chauffer de telle sorte que graduellement le thermomètre monte d'un degré par vingt-quatre heures. Remuer la graine avec la barbe d'une plume, comme quelques personnes se donnent la peine de le faire, est une précaution entièrement inutile. Si vos vers n'éclosent pas à vingt degrés, poussez jusqu'à vingt-un, mais n'allez pas au-delà. Ayez toujours un hygromètre dans votre étuve; qu'il marque soixante-dix à soixante-quinze degrés; pour cela il sera nécessaire d'y tenir beaucoup d'eau, peut-être même en ébullition. Mais n'y manquez pas, un air trop sec nuirait à vos vers et pourrait leur donner une funeste prédisposition aux plus cruelles maladies. Ne les y exposez pas, ne les laissez pas souffrir. Pour arrêter ceux qui s'écarteraient, placez de petits rameaux tout autour de votre graine, sur laquelle vous aurez étendu un tulle. Dès qu'il y en aura une passable quantité d'éclos, opérez votre première levée, et successivement, sans chercher à les avoir considérables. Ne vous effrayez pas de leur grand nombre, il vous sera facile de les *égaliser*, en tenant compte de leurs divers repas, et en faisant passer les premiers dans un local un peu plus frais, où vous pourrez par conséquent les leur servir un peu plus rares; mais que ce passage, cette transition de température, ne s'opère pas trop brusquement; que votre thermomètre ne descende que d'un degré par douze heures. N'oubliez pas que le ver a besoin de feuille aussitôt qu'il est sorti de sa coque; la chaleur, la sécheresse de l'étuve altèreraient, en les desséchant, ses débiles organes, et d'autant plus promptement qu'à sa naissance il offre un volume sans proportion avec sa masse. Le ver qui a mangé peut, sans les mêmes risques, être exposé à ces déperditions ; elles sont incessamment réparées par l'eau contenue dans la feuille. (*Voy*. mon *Guide*, 4me édition). Voilà ma méthode ; en la suivant, vous obtiendrez plus que je n'ai promis. Il me reste à dire comment j'y suis arrivé.

J'ai commencé en 1825 mes études séricicoles. Cette année-là, j'élevai le produit d'une once de graine. Convaincu que, généralement, on agissait sans principes rationnels, d'après une aveugle routine, je résolus de faire autrement. Entouré des meilleurs auteurs sur cette importante matière, Dandolo, Sauvages, Nysten, Pitaro, etc., je répétai la plupart de leurs expériences, j'en fis qu'ils n'avaient probablement pas faites, et c'est l'une de celles-ci qui m'a conduit à ma belle découverte.

Ne tenant pas compte du préjugé universellement répandu chez les éducateurs de toutes les classes, en vertu duquel les premiers vers d'une couvée sont réputés de peu de valeur, et conséquemment sacrifiés (M) ; je les recueillis avec la plus minutieuse attention. J'avais fait plusieurs lots de mes vers, celui des premiers éclos se montra, jusqu'à la fin, le plus actif, le plus beau, et me donna, proportionnellement, le produit le plus considérable. Chaque ver produisit un excellent cocon. En 1826, 1827, 1828 et 1829, même éducation (une once), même expérience, même résultat. J'avais la patience de recueillir, à mesure qu'ils sortaient de leur coque, les quatre cents, cinq cents premiers vers, en leur présentant, jusqu'à ce qu'ils y fussent montés, un petit rameau de feuille; je les faisais marcher à part, quelquefois beaucoup plus vite; mais, quel que fût le train, j'avais toujours sur la bruyère autant de cocons que j'avais recueilli de vers sur mes premiers rameaux. Je n'ai pas besoin de dire que je faisais éclore, ainsi que je le recommande, à l'étuve, la graine bien étendue.

La levée qui suivait celle de mes ÉCLAIREURS, (c'est ainsi que j'appelais mes vers recueillis *un à un*), composée de deux mille cinq cents à trois mille individus formait MA PREMIÈRE COMPAGNIE, ma compagnie d'ÉLITE; dès 1827 je la fis marcher à part. Toujours absolument égaux, toujours vigoureux, d'un appétit vorace, ils mangeaient jusqu'aux nervures des feuilles. Chaque membre de cette compagnie offrait l'aspect de la prospérité, et comme mes éclaireurs, leurs aînés, qui d'ordinaire les précédaient de deux ou trois jours à la bruyère, leur *rendez-*

vous commun, ils y parvenaient tous et y déposaient un excellent cocon. Il n'en était pas ainsi des *compagnies du centre*, surtout de *l'arrièregarde*. Les résultats de ces observations, rapprochées de la pratique qu'à cette époque me communiqua l'une de mes parentes (*Voir* note D), commencèrent à opérer en moi la conviction, que les premiers vers éclos étaient les plus sains, les plus forts, les meilleurs. En 1851 je fis la première contre-épreuve, et elle donna de nouvelles forces à cette conviction : je mis en concurrence avec mes ÉCLAIREURS et ma COMPAGNIE D'ÉLITE un égal nombre de vers, les derniers éclos de ma couvée. La différence fut toujours très-sensible : ceux-ci, à soins égaux, marchaient beaucoup moins vite ; il leur fallut deux, trois repas de plus pour les conduire aux mues (N), qui furent toutes plus ou moins meurtrières : un CINQUIÈME seulement arriva à la bruyère, et, de ceux-là, il n'y en eut que les TROIS-QUARTS qui me donnèrent des cocons plus petits, plus faibles et beaucoup moins uniformes que ceux de leurs concurrens. Dès lors, je me sentis sur la voie d'une immense amélioration ; mais il fallait répéter ces expériences, au moins quinze ou vingt fois, avant de hasarder un système ; je l'ai fait (O), et de leurs résultats, constamment identiques,

j'ai cru pouvoir, en 1845, conclure, et annoncer
en toute conscience que je possédais le moyen
infaillible (P) d'obtenir les œufs de vers à soie
à leur plus haut point de perfection.

NOTES
EXPLICATIVES ET JUSTIFICATIVES.

(A). Je ne promets point une augmentation semblable à
celui qui annuellement obtiendrait une bonne réussite ;
j'entends parler, non d'un éducateur, mais de tous ensemble, de la France séricicole ; année commune, son
produit brut sera augmenté de plus d'un quart. Je suppose
qu'on soignera les vers d'après de bonnes méthodes. Qu'on
les soigne d'après mon *Guide*, et je promets, non pas plus
d'un quart, mais plus d'un tiers.

(B). Je dis, en très-grande partie, mais non entièrement.
Les animaux les plus robustes exigent des soins pour ap-
porter quelque profit à leur maître : ils languissent, dépé-
rissent, meurent s'ils en manquent. En serait-il autrement
de nos vers, animaux si délicats ?... Non. La bonne graine
donne les bons vers ; et les soins, les vers producteurs.

(C). Il en est de même des plantes. Dans un semis fait
avec le plus grand soin, dont toutes les graines sont également bien traitées, soit sous le rapport de la fumeture,
soit sous celui du terrain, de la chaleur, de l'humidité, de
l'épaisseur de la couche qui les recouvre, la première, les
dix, les cent, les mille premières qui lèvent, donnent les
plants les plus robustes. Il n'est pas un jardinier qui
l'ignore, pas un agriculteur intelligent qui le conteste. Eh !
qui ne sait que dans une pépinière les derniers plants sont

toujours les plus rabougris; ceux qui réussissent le moins!...

Plus de CINQUANTE expériences m'ont prouvé que les premiers vers éclos, les quatre ou cinq premières levées (Je ne les laisse pas souffrir sur la graine, je n'attends pas qu'ils se morfondent; que la chaleur altère leurs organes. Je les lève à peu près tous les quarts d'heure, et cependant je n'ai jamais mis plus de cinq journées à les *égaliser*. Mon *Guide*, en indiquant les moyens que j'emploie, montre que c'est ainsi qu'on doit opérer quand on veut réussir.) ont besoin de deux ou trois repas de moins que les derniers pour arriver à la première mue. Pourquoi? Sont-ils moins dépensiers? Le temps serait-il pour eux un aliment nutritif? Non. Ils mangent tout autant; le temps, loin de diminuer leur dépense, devrait au contraire l'augmenter: tout le monde sait que des vers peu *poussés* ont besoin d'un plus grand nombre de repas pour accomplir leur existence que ceux qu'on a menés plus *rondement*. Si donc il faut aux vers éclos le premier jour, un repas de moins qu'à ceux qui sont éclos le deuxième, et quelquefois trois qu'à ceux qui éclosent les derniers, c'est uniquement parce que, plus robustes, ils les prennent plus copieux.

Après la première mue on mêle ordinairement tous les vers d'une même couvée; et, de là, la difficulté de les endormir aux mues suivantes; de les faire monter après l'encabanage; de là, les traînards, les petits, la *menudaille*. Les plus forts mangent davantage, s'endorment les premiers, montent avant les autres, et successivement selon le degré de force. Qui ne sait qu'un bon appétit est le signe de leur prospérité, le pronostic de leur réussite! Qui ne sait que le ver qui mange lentement est un ver maladif!

Mais, dira-t-on : Si par votre méthode tous les œufs sont excellens, il doit y avoir, à l'éclosion, simultanéité parfaite. Qu'on ne s'y attende pas; elle sera plus grande, beaucoup plus grande, mais non pas absolue. Pourquoi ? c'est encore, et je crains que ce ne soit toujours, le secret de la nature. On a cru trouver la cause de la *non simultanéité* dans le mélange des œufs pondus à divers jours et à diverses heures par diverses femelles. Il y a du vrai dans cette opinion; mais bien moins que du vraisemblable : l'expérience a démontré que les œufs d'une même femelle n'éclosent pas tous en même temps, ni dans le même nombre d'heures employées à leur ponte; pas même selon l'ordre de temps dans lequel ils ont été pondus. Le pourquoi, je l'ignore; mais ce que je sais bien, c'est que si cette femelle était vigoureuse, et avait été accouplée avec un mâle vigoureux, UNE heure seulement après sa sortie du cocon, ses œufs, à moins qu'ils n'aient été détériorés faute de soins pour leur conservation, écloront tous et donneront chacun un ver robuste, gros, sain, bien développé, capable de produire un bon et beau cocon (1). Quand même les vers sortiraient de leur coque dans le même ordre de temps que celles-ci sortirent du ventre des femelles, le principe qui sert de base à ma méthode ne serait soumis à aucune variation : les premiers vers éclos seraient toujours les meilleurs : 1° il est très-probable que les premiers œufs pondus par la femelle sont les mieux fécondés; 2° des cocons gardés pour graine, les premiers qui donnent des papillons, si tous ont été tenus à la même température, sont le produit des vers les plus robustes; ainsi, sur une chambrée de vingt onces de graine, les deux premières pondues seront incontestablement les meilleures, provenant des meilleures femelles (2). La transfor-

(1) A une température trop élevée et surtout trop peu humide, le ver peut périr dans sa coque; et, bien souvent, c'est l'unique cause que bien des graines n'éclosent pas. Si votre hygromètre ne signale pas au moins 60 degrés vous pouvez être victime de ce grave inconvénient.

(2) *Voyez* la note Q, à la fin.

mation du ver en chrysalide et de celle-ci en papillon, n'est pas autre chose qu'une mue, un sixième et septième âge ; or, le plus robuste les accomplit le plus promptement.

C'est bien là ce qu'avait observé l'un de nos plus habiles sériciculteurs, M. le Baron d'Arbalestrier. C'est bien là ce qui lui a fait mettre le pied sur le terrain de ma découverte. C'est bien parce qu'il était convaincu de la vérité de ce principe, qu'il proposa, il y a quelques années, dans le bulletin de la Société d'Agriculture de la Drôme, de prendre les premiers vers sortis de la quatrième mue, de les soigner à part, et de choisir parmi leurs cocons ceux qu'on voudrait garder pour graine. Le conseil de cet excellent expérimentateur, que justifiait d'avance la supériorité de ses produits, la *bonté* de la graine obtenue dans ses ateliers, fut accueilli avec enthousiasme, et certes, les éloges qu'il lui valut étaient bien mérités : c'était un grand pas de fait vers le système que je propose, et sans connaître, grâce à Dieu, l'effet corrosif de l'envie, je me dis en le voyant : encore QUATRE de ce genre, et M. le Baron va partager avec toi l'honneur de ta découverte. Mais M. le Baron n'a pas été plus loin ; c'est donc à moi seul que la France sera redevable du procédé complet, au moyen duquel tout éducateur peut obtenir les œufs, qui lui sont nécessaires, au plus haut point de perfection.

(D). Ceci dépend, on le conçoit, de la valeur relative de la graine. Dans toute graine ordinaire il y en a de bonne et de mauvaise ; plus cette dernière s'y trouve en abondance, et moins la récolte est considérable ; la plus ou moins grande réussite dépend des proportions dans lesquelles elle y entre. Et ce que j'avance ici est bien facile à concevoir : en choisissant les cocons, on en prend qui ont été produits par des vers robustes, des vers sortis les premiers de leur coque et des mues ; ceux-là donnent de bons papillons. Si les bonnes femelles sont accouplées

avec de bons mâles vous aurez de bons œufs ; plus il y
aura de tels accouplememens, plus la graine sera bonne
et la récolte de cocons abondante. Il est naturel que le
contraire ait lieu quand le choix est tombé sur des cocons
qui, malgré leur belle apparence, avaient été produits
par des vers plus ou moins valétudinaires (1), ou bien,
quand l'accouplement d'une bonne femelle avait eu lieu
avec un mauvais mâle, *et vice versâ*. De là, comme je l'ai
déjà dit, les petits, les traînards, la peine qu'ont certains
éducateurs à obtenir des mues simultanées. Les plus robustes mangent plus vite, davantage, et s'endorment les
premiers ; les autres successivement selon leur vigueur
respective. Quand on opèrera avec de la graine obtenue
d'après ma *Méthode*, surtout après trois ou quatre ans, il
n'en sera pas ainsi ; Alors le QUART formant la PREMIÈRE
DIVISION ne fera pas autant que les trois-quarts qui com-
posent la deuxième ; celle-ci ne sera presque pas inférieure
à la première ; et, s'il y a quelque légère différence pendant six ou sept ans encore, elle s'effacera d'année en
année et disparaîtra tout-à-fait à la huitième. Mais, dans
ce cas même, ma *Méthode* ne doit pas être abandonnée,
alors les éclosions seront beaucoup plus simultanées, tous
les vers seront bons, et toutefois les premiers seront les
meilleurs.

(E). Comme je l'ai dit dans la note précédente, cela
dépend aussi de la valeur réelle de la graine. On peut être

(1) Une de mes proches parentes, dont les chambrées, toujours
bien réussies, ne lui donnent pas moins de cinquante-cinq à
soixante quintaux de cocons, et qui possède à juste titre la réputa-
tion de bien faire la graine, choisit les cocons qu'elle y consacre,
sur la bruyère, sur les canis, avant qu'on ait tombé les cabanes ;
elle prend ceux qui y sont le plus haut placés, et cela, dit-
elle, avec grande raison, parce que les vers les plus vigoureux
sont les premiers mûrs et grimpent toujours jusqu'à ce que le
canis immédiatement supérieur les arrête. Cette pratique,
qu'elle me communiqua, il y a dix-huit ans, est la confirma-
tion de ma *Méthode*.

bien sûr , en agissant comme je le propose , d'avoir toujours les meilleurs vers , les plus forts , les mieux constitués dans la PREMIÈRE DIVISION ; mais, si les plus forts
sont trop faibles pour arriver à la bruyère , pour produire
un cocon , si la graine était tellement mauvaise , soit parce
qu'elle aurait été produite par des papillons peu robustes , soit parce qu'elle aurait été mal conservée , qu'il n'y
en eût qu'un huitième de bonne ; ce huitième de quatre
onces ne représenterait qu'une *demi*; alors il ne faudrait
pas s'attendre à deux quintaux.

Les éducateurs , et il y en a beaucoup, qui mettent à incuber un quart de graine de plus qu'il ne leur en faut ,
quatre onces quand ils n'ont de la feuille et du local que
pour trois , et qui le font afin de n'avoir pas à ramasser
ies derniers qui éclosent , et qui sortent des mues , les
traînards, la CURAILLE comme ils les appellent , ont
aperçu, plus ou moins confusément, le principe que je viens
d'établir : à savoir que les premiers sont toujours les meilleurs. S'ils triplaient le sacrifice qu'ils s'imposent , il est
probable qu'ils arriveraient assez généralement aux mêmes
résultats que donne ma méthode. Je ne dis pas toujours ,
la graine peut être si mauvaise que l'expérience pourrait ,
plus d'une fois, contredire une telle affirmation. Mais, dans
cette manière d'agir , que de difficultés !... Comment à
l'éclosion et aux diverses mues, laisser ce qu'il faut ,
tout ce qu'il faut , rien que ce qu'il faut ! d'ailleurs ,
quel surcroît de dépenses, soit en graine , soit en feuille !
les vers qu'on ne sacrifie qu'à la dernière mue ont con-
sommé près du tiers de ce qu'il leur faudrait pour accomplir leur existence.

(F). Quelques éducateurs proposent de faire ce choix
par la balance. Il est certain que les cocons qui contiennent
des mâles pèsent moins que ceux où sont renfermées des
femelles. Ainsi, quand après avoir pesé mille cocons , par

exemple , on a déterminé le poids moyen de chacun d'eux ,
on les pèse , un à un ; le plus léger , contient un mâle , le
plus pesant une femelle. Mais quelque excellent que soit
ce procédé , il est si minutieux que j'ai garde de le pro-
poser à ceux qui opèrent en grand. Toutefois , il aurait
un avantage, celui de faire connaître les femelles dont la
petitesse commande le sacrifice. S'il s'en trouvait dans les
cordées mâles, ce serait une preuve de leur *chétivité*. Il
faudrait les jeter ; mais l'inspection que je recommande
suffit pour les faire connaître.

(G). Si l'on a soin de recueillir les mâles qui peuvent se
trouver sur les cordées femelles , on n'a pas à craindre de
nombreux accouplemens immédiats. Mais malgré les plus
grands soins, il y en aura toujours quelques-uns ; s'il s'en
trouve dont les deux sujets ne paraissent pas également
robustes , sacrifiez ces couples ; on peut craindre aussi que
l'accouplement ne se soit fait avant que la femelle fût vi-
dée. Toutefois , si le couple est beau, conservez-le ; mais
prévenez autant que possible de telles unions.

(H). J'avais cru , comme tant d'autres , que la graine
pondue dans les vingt-quatre premières heures était pré-
férable à celle qui ne l'est qu'après. Je l'ai recommandée
dans les trois premières éditions de mon *Guide*. C'est
vrai , quand on opère comme on l'a fait jusqu'à ce jour ;
c'est vrai , quand le hazard (je sais que le hazard est un
vain mot , mais l'usage lui a fait exprimer une idée , j'ai
dû m'en servir) préside au choix des cocons dont on veut
l'obtenir ; ce ne l'est point quand on suit ma *Méthode;*
quand lanature les désigne.

(I). L'année dernière (1846) , trois cent soixante-quinze
livres de cocons m'ont produit quatre cent une once de
graine. Neuf jours après leur ponte , les femelles avaient
toute la fraîcheur , toute la force, toute l'agilité du premier jour.

(**K**). La graine a besoin d'une grande fraîcheur et d'un air peu humide. Elle a besoin aussi, pour répondre à notre attente, d'être soustraite à la dent des rats. Or, nos caves, qui pourraient nous offrir les conditions les plus favorables à sa conservation, sont presque toujours la demeure de ces animaux qui en font leurs délices. Voici le moyen d'obtenir les avantages séparés de l'inconvénient. Ayez-un panier plus ou moins grand, selon votre quantité de graine, en fil de fer, à petites mailles, avec couvercle de même nature, de forme carrée ; qu'à partir du fond il y ait de petits supports de 15 en 15 centimètres ; étendez vos linges sur ces supports de manière que la graine soit toute à l'extérieur ; fermez votre panier et suspendez-le dans votre cave ; votre graine sera garantie d'une trop forte chaleur par la cave même ; des rats, par le fer ; de la fermentation, par son isolement ; et de l'humidité par la libre circulation de l'air à travers chacun des linges. En été, visitez-la au moins tous les huit jours. Les rats n'en sont pas seuls friands, les fourmis et les teignes pourraient y causer des ravages. Un panier de 1 mètre de longueur sur 60 centimètres de largeur et 65 de hauteur peut suffire pour 60 onces. Il faut, pour cela, que les linges de ponte aient un mètre carré ; on les double, et, comme je l'ai dit, de manière que la graine soit toujours à l'extérieur.

On conçoit que la manière de conserver la graine, de la soigner depuis le moment où on la retire de l'atelier de ponte jusqu'à celui où on la porte dans l'étuve, ou chambre d'éclosion, peut beaucoup influer sur sa valeur réelle et même relative. Si les premiers œufs pondus perdent une plus grande quantité que les seconds, de cette liqueur visqueuse qu'ils contiennent et qui est si nécessaire au développement du germe, à son état de santé, alors les seconds deviennent les premiers, ils vaudront mieux ; mais la vérité de mon système ne perd rien de sa force, les pre-

miers vers éclos seront toujours les meilleurs. L'œuf le
moins déprimé, le moins plat, celui dont le petit rond
qu'ils présentent tous à leur centre est le moins grand, le
moins profond, est celui qui a le moins perdu, qui a été le
mieux conservé.

(L). On fera bien de remplacer le crible, etc., qui offrent
toujours quelque difficulté pour bien tendre le tulle; par ce
que j'appelle TABLE D'ÉCLOSION, c'est tout simplement un
cadre plus ou moins grand, selon l'importance de la couvée, supporté par quatre pieds d'un mètre de hauteur, ayant
un rebord de cinq à six centimètres, dont le fond, au lieu
d'être en roseaux, est en forte percale parfaitement tendue.
Là, la graine s'unit à merveille, et l'on peut, au moyen de
quelques épingles, y fixer le tulle de manière qu'il ne fasse
aucun pli; qu'il touche également partout, et que les vers
n'aient aucune peine à passer par ses trous pour monter sur
la feuille. Sur ce tulle fixe, placez un papier-filet (criblé de
trous); sur ce papier, répandez, comme pour un repas, de
la feuille coupée très-menu, et quand vous la verrez passablement garnie de vers, remplacez ce papier-filet par un
autre. Voyez dans mon *Guide* les avantages de cette pratique et les développemens y relatifs.

(M). Ce qui a donné naissance à ce préjugé, c'est le funeste usage de laisser souffrir les premiers vers de quelque
manière qu'on fasse éclore. Si on les eût recueillis avant
qu'ils eussent souffert, avant que le jeûne, combiné avec
la sécheresse, eussent altéré leurs organes, à mesure
qu'ils sortaient de leur coque, on aurait vu comme moi,
que loin de ne rien valoir ils étaient les meilleurs de la
couvée.

L'année dernière (1846), cette expérience a été faite par
une jeune demoiselle de Monoblet : elle avait pris pour sa
chambrée les tout premiers vers d'un lot de graine faisant
partie de celle de son père ; elle les soigna elle-même, et si

bien, que chacun d'eux lui donna un excellent cocon, tandis que leurs puînés, les vers éclos plus tard du même lot de graine, élevés par les ouvriers de son père avec un égal soin et dans des conditions absolument pareilles, ne firent presque rien. Ce fait, je l'ai recueilli de la bouche du propriétaire, dans l'atelier duquel il s'est passé.

(N). Je l'ai dit, les vers premiers-nés marchent beaucoup plus vite. Il leur faut deux, quelquefois trois repas de moins pour les conduire aux mues qu'ils font toujours plus promptement et bien mieux que les autres. Dira-t-on que les premiers mangent la feuille plus tendre, et que cette circonstance suffit pour expliquer la rapidité de leur marche, leur plus grand développement, leur plus forte constitution? Je répondrai que deux cents vers premiers-nés, levés à la même heure, du même jour qu'un pareil nombre, issus des derniers œufs d'une couvée différente, plus précoce, mais de la même graine, m'ont offert les mêmes apparences, produit les mêmes résultats. Cependant la feuille était pour tous également tendre et les soins absolument pareils. Il y a plus: dans la même localité, les premiers vers d'une chambrée de huit jours plus tardive sont plus gros, et donnent, à race égale, des cocons mieux étoffés, plus grands, mieux faits, meilleurs en tout que les derniers d'une chambrée de huit jours plus précoce. Cela tient-il à la tendreté de la feuille? Non, évidemment non : à la robusticité du ver. Ces expériences, CINQUANTE fois répétées, ne me laissent aucun doute sur la vérité du principe qui sert de base à ma *Méthode*. Oui, j'en ai l'intime conviction, j'ai découvert la loi en vertu de laquelle la nature opère la reproduction des meilleurs vers à soie : les plus forts, les mieux constitués sont les premiers qui sortent de la coque; ceux-là, bien conduits, sont toujours producteurs; les plus faibles, ceux qui traînassent, périssent avant d'arriver à la bruyère; les derniers qui éclosent.

(O) De 1832 à 1844, je répétai mes expériences sur une plus grande échelle, toujours mêmes résultats, tant de l'épreuve que de la contre-épreuve. De leur rapprochement, augmentation, progression de lumière. Enfin, la somme de mes observations, dont les conséquences étaient toujours identiques, produisit en moi la plus ferme persuasion, l'évidence. Pour moi, le soleil de la vérité était à mon zénith, c'était grand jour.

(P). Un fort habile sériciculteur, M. de Boulenois, secrétaire de la Société séricicole, m'a fait un grand crime d'avoir employé ce mot ; de l'avoir appliqué à ma *Méthode*. Rien, a-t-il dit, n'est infaillible, ce mot répugne à la raison ; Dieu même n'a pas voulu l'être. Je me suis permis de lui répondre que les effets des lois de la nature l'étaient, tant que Dieu n'en décidait pas autrement ; que leur suspension constituait le miracle ; mais que, hors de ces exceptions, on pouvait raisonnablement affirmer que les mêmes causes produisaient toujours des effets identiques. Je sais bien que les enfans ne ressemblent pas toujours à leur père, et qu'il en est qui reproduisent les difformités de leurs bisaïeuls, trisaïeuls, etc., etc. Je n'ignore pas que d'un très-bel homme uni à une très-belle femme, peut naître un boiteux, un bossu, un manchot, un trapu, un nain, un être difforme ; mais on conviendra, sans doute, que ce n'est pas la règle générale. En est-il ainsi chez nos vers ? c'est possible, probable même. Mais ma *Méthode* doit avoir pour effet de rompre à tout jamais ces filiations anormales. Que fait-on pour améliorer les races ovine, cavaline, bovine, etc. ? On prend pour reproducteurs les sujets les plus beaux, les mieux constitués ; eh bien ! je ne propose pas autre chose pour la race *bombicienne*. Seulement, j'ai une forte chance de réussite qui manque dans tout autre cas : je ne choisis pas, moi, le reproducteur, je pourrais me tromper ; je prends celui que la nature m'indique ; et la nature ne se trompe pas. Supposons maintenant que vos œufs de 1847 vous donnent des vers tenant par quelque côté aux imperfections de leurs aïeuls, bisaïeuls, trisaïeuls, etc., ce serait possible (1). Mais ici les générations passent vite, douze mois en forment la durée ; d'année en année, vous verrez insensiblement s'affaiblir les signes et les effets de cette funeste parenté, et vous finirez par obtenir en peu de temps une race parfaite.

Et ma *Méthode* qui, rationnellement, doit conduire à la perfection de l'espèce, mène droit à la découverte de la famille, au pur sang. Par la manière dont on fait la graine, nul doute qu'il n'y en ait plusieurs, une multitude dans les plus petites chambrées. N'est-il pas raisonnable d'admettre que toutes n'ont pas la même *hâtivité ?* Or, en opérant sur les quatre ou cinq cents premiers vers éclos, on prend les plus *hâtives.* C'est ainsi qu'on peut créer les races (2). Quand on attend l'éclosion d'un trop grand nombre, les familles se mêlent. Si deux, trois, quatre familles sont également hâtives, promptes dans leurs mues ; s'il n'y a pas de différence sensible dans la forme et la nuance de leur produit, elles peuvent vivre ensemble. Là est le moyen d'obtenir des éclosions simultanées, des mues régulières, des montées rapides. Oui, opérez six, sept, huit ans de suite, sur les quatre ou cinq cents premiers vers sortis d'une couvée de dix onces, et, j'en ai la conviction, vous arriverez au pur sang, à la famille.

(1) Voilà pourquoi je désirerais pouvoir fournir de ma graine, soumise depuis plusieurs années à un régime dépuratif, à tous mes souscripteurs, afin de les voir arriver plus tôt à la race parfaite, qui pourrait bien n'être obtenue que dans six ou sept ans. Mais comment faire? J'en fournirai par petite quantité à 10 fr. l'once, ancien poids, aux personnes qui m'en feront la demande en temps utile : avant le 15 mai.

(2) J'ai obtenu une race admirable sous tous les rapports, à laquelle j'ai donné le nom de CAROLINE. Pour 1848 je pourrai fournir 50 onces de graine à 12 fr. ancien poids.

Nimes. — Typ. BALLIVET et FABRE.